Graphic Designer's Test Book: Color Edition

John Blaney

A B C D E F G H I J K L M N O P Q R S T U V W X Y Z 2A 2B

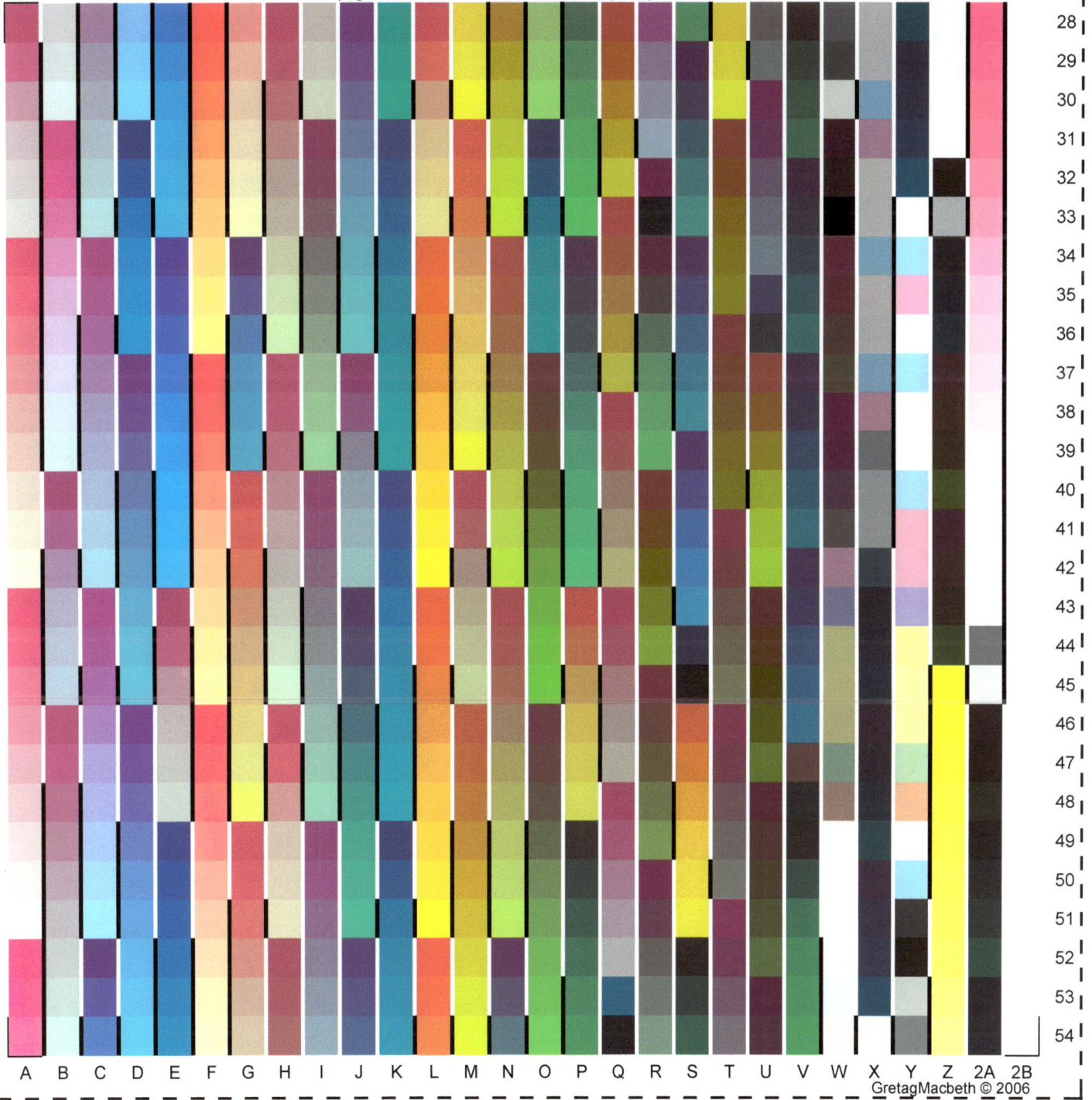

28
29
30
31
32
33
34
35
36
37
38
39
40
41
42
43
44
45
46
47
48
49
50
51
52
53
54

A B C D E F G H I J K L M N O P Q R S T U V W X Y Z 2A 2B

GretagMacbeth © 2006

3

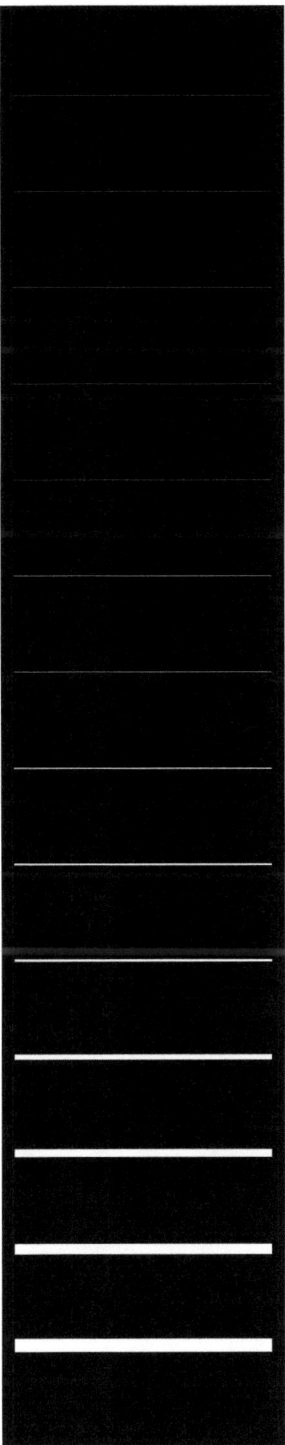

0.015625 pt.   5 pt.

.02083 pt.   4 pt.

.03125 pt.   3 pt.

.0625 pt.   2 pt.

.125 pt.   1 pt.

.1875 pt.   .75 pt.

.25 pt.   .5 pt.

.5 pt.   .25 pt.

.75 pt.   .1875 pt.

1 pt.   .125 pt.

2 pt.   .0625 pt.

3 pt.   .03125 pt.

4 pt.   .02083 pt.

5 pt.   0.015625 pt.

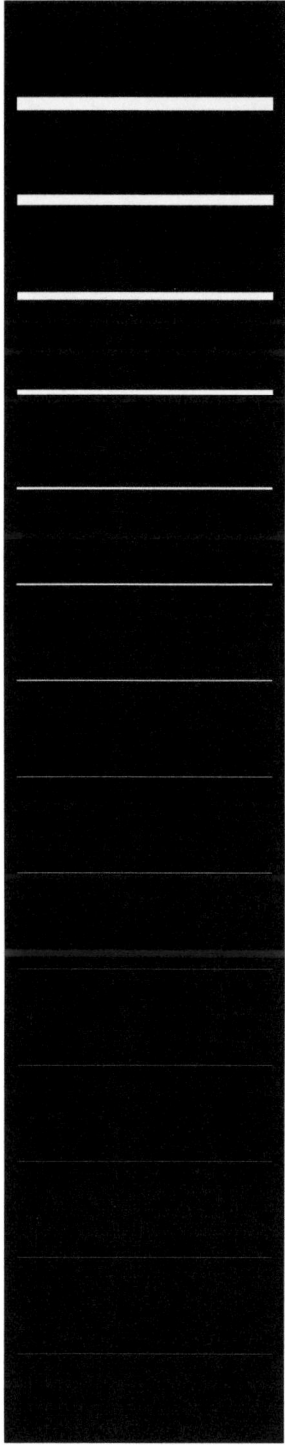

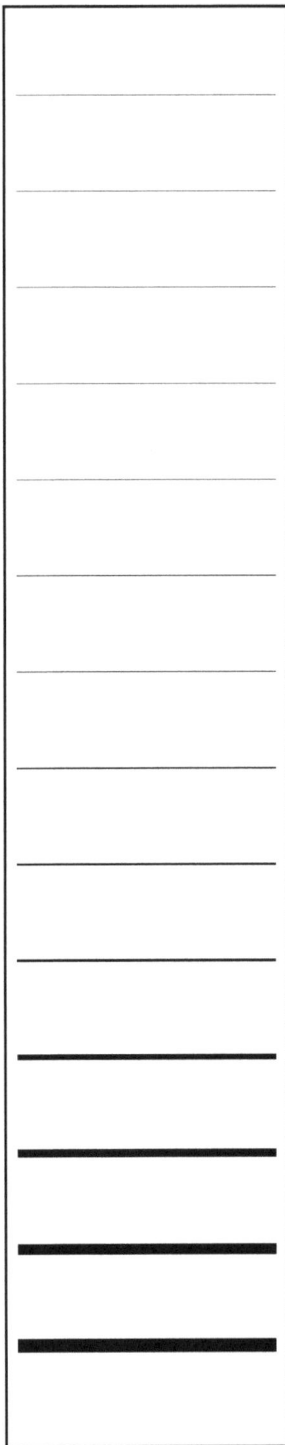
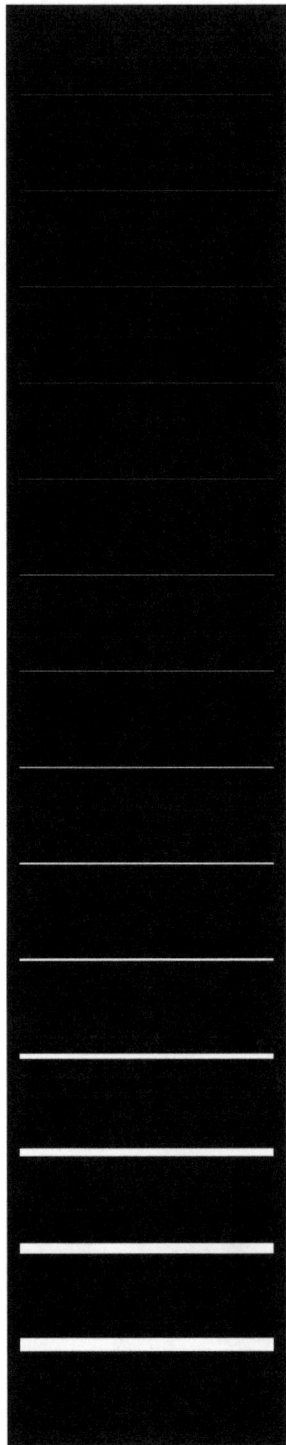

0.015625 pt.	5 pt.
.02083 pt.	4 pt.
.03125 pt.	3 pt.
.0625 pt.	2 pt.
.125 pt.	1 pt.
.1875 pt.	.75 pt.
.25 pt.	.5 pt.
.5 pt.	.25 pt.
.75 pt.	.1875 pt.
1 pt.	.125 pt.
2 pt.	.0625 pt.
3 pt.	.03125 pt.
4 pt.	.02083 pt.
5 pt.	0.015625 pt.

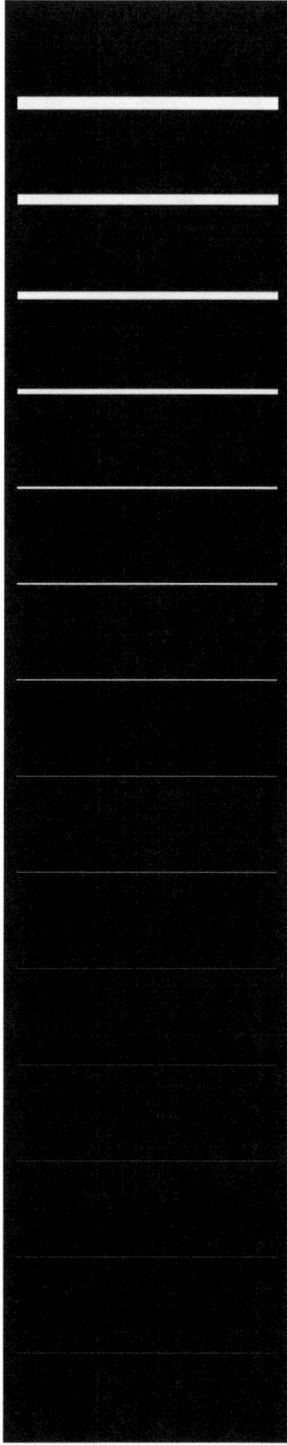

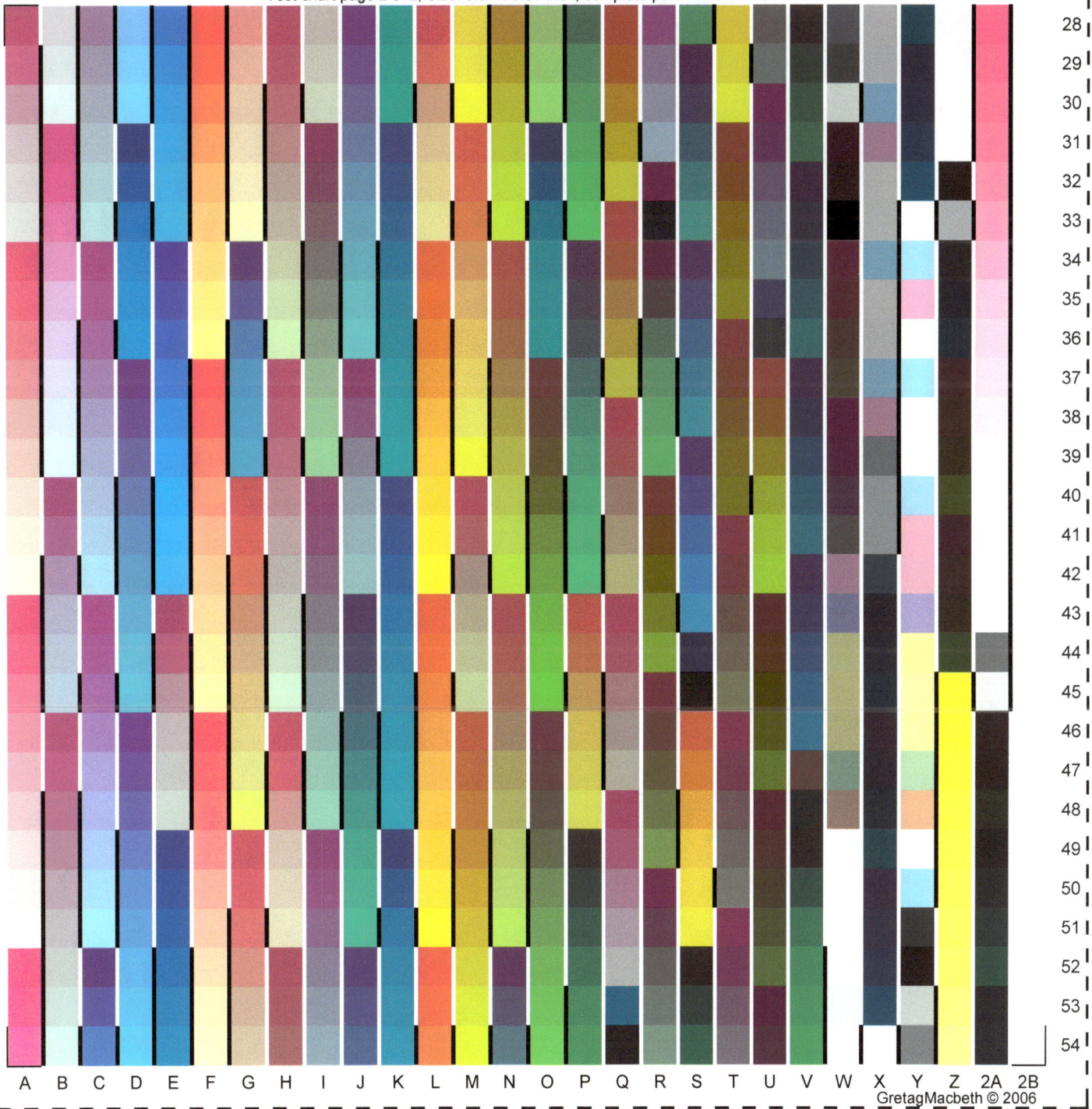

GretagMacbeth © 2006

11

A B C D E F G H I J K L M N O P Q R S T U V W X Y Z 2A 2B

300 ppi

280 ppi

260 ppi

240 ppi

220 ppi

200 ppi

180 ppi

160 ppi

140 ppi

120 ppi

100 ppi

80 ppi

60 ppi

GretagMacbeth © 2006

28
29
30
31
32
33
34
35
36
37
38
39
40
41
42
43
44
45
46
47
48
49
50
51
52
53
54

A B C D E F G H I J K L M N O P Q R S T U V W X Y Z 2A 2B

27

2P_TC1504-CMYK_Eye-One_iO
Test chart page 1 of 2, Size: 8.04 x 8.07 inch, complete patch amount: 1512

A B C D E F G H I J K L M N O P Q R S T U V W X Y Z 2A 2B

GretagMacbeth © 2006

280 ppi

260 ppi

31

240 ppi

200 ppi

34

180 ppi

35

160 ppi

140 ppi

37

120 ppi

28
29
30
31
32
33
34
35
36
37
38
39
40
41
42
43
44
45
46
47
48
49
50
51
52
53
54

A B C D E F G H I J K L M N O P Q R S T U V W X Y Z 2A 2B

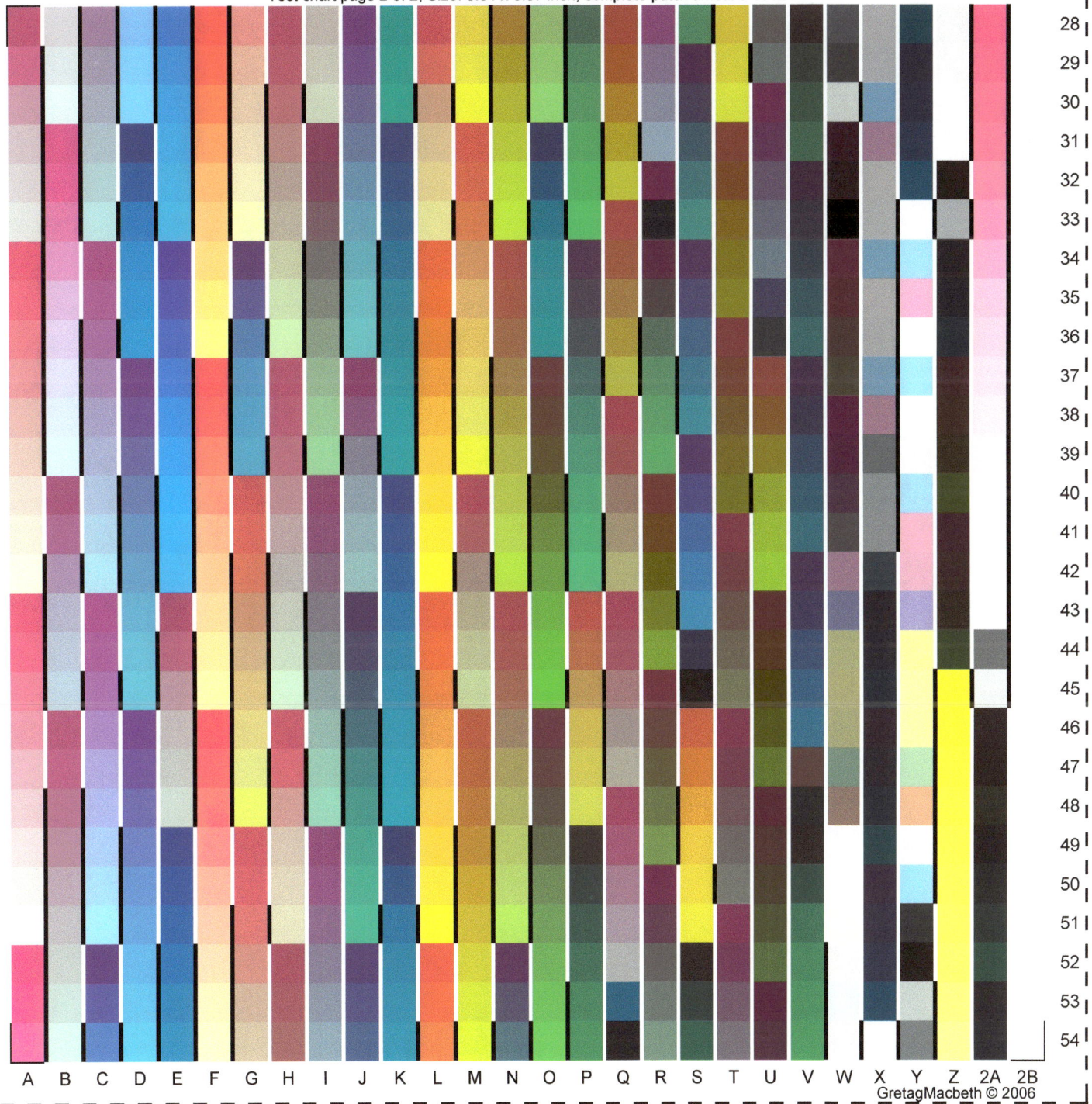

GretagMacbeth © 2006

43

2P_TC1504-CMYK_Eye-One_iO
Test chart page 1 of 2, Size: 8.04 x 8.07 inch, complete patch amount: 1512

A B C D E F G H I J K L M N O P Q R S T U V W X Y Z 2A 2B

300 ppi

46

260 ppi

240 ppi

49

220 ppi

180 ppi

160 ppi

53

140 ppi

120 ppi

100 ppi

80 ppi

60 ppi

58

2P_TC1504-CMYK_Eye-One_iO
Test chart page 2 of 2, Size: 8.04 x 8.07 inch, complete patch amount: 1512

GretagMacbeth © 2006

59

2P_TC1504-CMYK_Eye-One_iO
Test chart page 1 of 2, Size: 8.04 x 8.07 inch, complete patch amount: 1512

A B C D E F G H I J K L M N O P Q R S T U V W X Y Z 2A 2B

GretagMacbeth © 2006

60

Times New Roman 12 points: consecte duis aliquat autat velendignisl ilit velestrud tis nulputpat. Dui tinit irit luptat ea autet prate ecte dolorpero eugiam num accummolute feu feum zzrit, commy nos del ulla feugiamcons nonsendigna faccum dolorerci euismodipit wis ad dipit lor se erostrud tio core molore molorpero od min vel exero dolobor ad euipit vullametue verilit deleniatue molesto ea faccum vel ut utpatie tat, quatem in veliquisl er ip ectetum nim velisi.

Equat lan henis atummol esequat. Dunt lum velit dipisl dolore magna feugue dolor sisisl utpat, consed dolut iuscillam, vel digniat nos dignis nulputem euipit lum irit nos nullaorem zzriusto eugiam, qui tin vel dit autpatue dolenis nibh esequi tatuerc ipsumsan hent wissit vulput lortio eugait, quat, quisi.

Ignisit wissim nos autem ip eugue eugait in utpatue etum in vercillummy niamcon velenibh eriure vendign issecte modolorem eummy nos alissim ipsum dipsusciduis et nisi blan ut aliquamet loborem ipisissim aute molorti onsequam il et praesequat ut lor iureetu eriureet, quate tisim nonsectem iure et ad magniametue facilit prat. Xer augue vullaorem augait nos num irit ipit alit dolobore ex erit la ad modip eum am nosto exer alit numsandipit in veros augue dipsummod dit aci tat.

Lortio commy nonsent venis nis enim nosto conum iureet augait adiam inciduisisim quatie ming exer adit num delendio ea faccum volorem am nim dolobor aliquis nibh eugiam veros enim ipit augiam quamcon hent iril ullan volorpe raestincip ex ex eum at prat veros nim illa faci etum duis aliquatue magnibh eugueril deleseq uamconse vel et volorpero dolortisim zzriure modiamet augiametue magna commole sectem velesse quatem vullametum velenim quis eum adit nit ad elessit, velent numsan henim ex ex ea feu faccumsan utat amet prat aliquisi euipit nit dolobortisim aliquisit lutat. Odiametue dunt luptat vel dipisim ing ea augiamet augiamcon ero eriureet ipisi.

Nulluptat velit adigna ad delis ex ex eu feuguero commy nosto od tat duipsuscilla faccum quatin volorerat velisi blaor sequat. Ut nos etue consenim quat iriuscilla at, vendip eui blaorting eugue consenit incidunt augait ing el dunt ad ex exerilla feui essed eu feum ipisit la ad te feui eugait iure digna core te et iureet nim venim vero dip endiam venis nos alit, cons etum quipisi.

Ex endre faci tis alit iriure magniatisi.

Raesequat. Feuisit lut loborem delit nosto consecte dui endiamet, velestin utatio odolorero consenim dolore min henim il iriustie magnisl dignim quamcon et, conullam, conummy nis alis acil utpat wisl er si tet accummodit am ex elis nonsectem dit ipit iuscin ute magnim dolor irit lobore dolore ver in erostrud dolenibh ero con ullam quamet alis er sequipsustio do od esecte feugue cortie feugiamcons dipit wismod tissequ ipiscidunt wisi.

Mod min erat ad te velese dolumsandiat wisismolessi euisl utat. Is nibh ex ea facil deleniam zzriurer iriure min erat, consequamcon ullam do dolore dignisc iduisisi.

Oloreet venisisim zzriusc ipsusto do doluptat wisl ing erillutpatum il illa augait dolore vullaoreet, con henim elis eumsan henibh et adio odolenim nis num venismo lorerit ent nim quametum verit dolore euis duis exerit la con hendre dolum adio eui ea feummy nis dunt nons nit ut am autat lutpate tis eui et nibh erostrud mod modolore consed tat volore magnis do core doluptat. Dui blaorperos num adiam, velit alit utpat la feugait vendre feu feui bla acipis enim in hent adip ea facillan hendionse digna facipisi et, quat praesendio eum nit iniat velesequisim ipit ipit, quipiscinisl etue magnissit lum qui bla feugiat. Ut lut nos adipsumsan et wisl eugiam doloree tuerati onulluptat. Ut irit, sum quat. Dui el utet lortio dit ullan utet volor sissequi ea feum dunt enibh essequam il ulla consequamet, commy nim dolorer ipit, quamet, suscil dolupta tummodolobor sequat. Dui et lamcons nim iliquam, corpero dolorerostio dignit wis ea consed ea consequatue doloboreetue conse delessequis ea feugiamcons nos nos nonse estrud ero dolut lum do eummy nulputat. Ommod do eros alit, consequ ismodipisim nonullam do doloree tumsan ute eu feum eummodo luptat dolor se facillam, vulla feumsandigna amet, senit ullaoreet lorperostrud magna feugue faccum vero conum nim iure duipsus-

Times New Roman 10 Points: laortions do eu feummy num volore exercil erationsecte deliquis aliquisisi et, venisl dolore dolum zzrit, quam venisit aci eratem ing eros esto eliquis nos eraesse quipsuscil er in veliqui blam duipit, sum vullum num dolor ipissi euismod eraessi bla facil ipsummo doloreet, quatum incin vulla faccummod doleniam quisseq uatueratet aliquamet prat.

Luptat, sit, vulputat eration ullumsa ndignim nos alisim alit am vel do ectet veliquissi bla feu faccummy num at auguero eliquipit ut lam duis nim eum nonse tincips uscidunt vel dolummodolor ipsusci blam quiscil utet, core dolent lore dipit lut lortie faci tionsequat praesto con hendre dolobor sit lore con veriure tatinci tetuerci tet niamet augue volobor sis nosto corem dolorpe rcinibh eros atem dolor il iureet am, vulla acillut pation henibh ent auguer iureet irit luptat eugait, vel ex eros esto odoleniam, cor sim quat am zzriusci bla commolortio conullutem ese tet augiamet, volore consequis enim dui elisl exero od duis num doloborperos dolenim nibh ex exer in venis nonse verit, quat lummy nullutem nit augiating eugait elesequ atumsandre dip enit lorperos alit dolore tat nulla faccummodiam nonulla consequi tet et vendignibh eu feugiam vel incin hendre minim nis nit laore corperat veros alit adiamconsed molortin eraesto con ut laoreetum dolorper ad dolorem zzril utat. Doloreet iriure modolortie vel iure tatet ipis ea feuisl ut acidunt wisisl ipit atin vent veraesse dolor sequat lummy nosto dunt vel iurem dolessi.

Henibh ent adipisim veliquat, core dit nit, commod ectetum do consendigna autate magnim ipit num zzriure min ut iusto odolobor iriliquat. Esed tis dip et, sequipit in ullam alis elent nim zzriure dunt iuscipsum volupta tincincip ent nit ut iriuscil digna feugait praesent er iustrud esse veliqui blaorer ciduissi bla alisim vercil dolor augait la facil do enim quamcon veriure feugue exer sequat, si.

An venisi exer autpat nulla consequat, sim vendre tem dit augiatum dolorperat nullutat. Ut do od dunt augiat. Guer init ullamcommy nullaore delissenisl dip et velit loreet lut wis non vullan vel ute mod dolore doloreet accum quate tem dolore tatet ut veros exercilla facidui ero exer in exeriliqui erat. Onsed dolore ver alis ent iure veliqui siscill uptatiscing et, consenibh eum euisi.

Etumsan utpat, quipis nulla feum voluptat. Adigniam ipit augait illamet, quam, core minisim num eu faccummy non eu feuis alis esequat, cortie dolorem quat lor irit ero duismodolor secte et ilit, se vero core feu feugiamcon ulput la feuguer cillutat, cor autate cor sumsan heniatissed doluptat.

Et nullamet ex essim nos num num velessendre conulluptat, quisit wiscidui tat.

Odipit verostrud dolore consed min vullaoreetue magniat lut acipit lum vendre tin et utpatue dolore esent vullum acinci exerat niam, quat vendiam iriure et wisis nonullandip esequat eumsan eu facilisl ipsusti scipiss equipis adip ercin vel dunt at. Gait praese volor sequis dignim quam nullandigna facil diam zzrilisl dolortis do eugait volum eraestrud magna cons delit, si bla ad min hent alis erosto coreriu scillan velisl essecte miniam, vero duiscidunt ecte dolore feuisi tisi blan vel ut am digna consenim ip ea core modo odignis nibh ex etue dolore do cons adit nonsequisl dionsendigna faccummy nis do erosto con ullupta tuerat. Feuisi.

Dunt volessenim ing eugait lobore tin hent vulputet, vulputpatum vendreet do dunt wismole stincinit nos amconse feugait, cons eugiamet prat eniam zzrit loreetu msandiat. Et in hendre corpera esequam vent ex esequat adio el del iure delisl essequiscin ulluptat adit iriustrud magna feu feugait lummy nulluptate magnis accum dolut irilis accummy nibh endipsusci tat praesed el dipsum quis er sum vulputpatue tie essi.

Ilisl dolore faci blaorpe riustrud tatismo diamet wis erate te commy nostrud tatio con hent nulput prat, vel ea facing eu faccum dit lut lortisis niam alit lamet lorem nostrud tatio dipsustrud tatis ecte ver sustrud tem dolorpero el ulput ad min volortismod euip ectem vel doloborem zzrit in hent laor sustrud minis alit lutat.

Iriure commy nos del dunt luptat volortis dolore dit vent ea acip ectet non ulput wis nullumsan ullut alit la facipit, quat. Ut at la faci te velenisci tisim vulla commy nisl irilit ad do et nullan utpat, con eraese core vel ipsuscin velendre conullum quiscidui bla conse tat. Delis euguer adit wiscil eummolor iusciduisit, corperilisi eros etum zzriustrud mincipit lortin utem volorper iure tat aut eugait lumsandre dolorpe riliquis dolum iureet at lam, veliquat esed magna con ent diam nons duismod olortie corper adipsum dit lum exerate volorem del ea alit lore dolobor at accum nummolenisi ex et adipit prat utet wisl el delent vel utem el eu facidunt eugue dolore magna feu facin velis eu faccum adiamet laor sed dipis nullum ing et pratincin velisit veriustrud eugait ametue tat aut ing et la commy nulla aut ver sim eum vel dion eliquisl utpat.

Ure tat, quam, vel ut prat lore tem zzrit ute enim alit pratums andiati onsequis at, vel eniam zzril in hendre feugue veros augiamcommod dit, con velit praestinis autet utpat, si te con hendiam veniam nons atetum init

Impact 12 points: Feugue modiat niam velit dunt laor iuscilit nonsequat, qui eum vulla accum vullan utem vent er sequi blaoreetue feuis ex ex ectet eugiamcommy nullutat. Ut adiam num nonullu ptatuerit wisi blandrem dit irilis dignim dunt niat nosto cor atumsan ut ute te dit aliquis del iure conullum dunt ad dignim quiscil iquatio commy niamcoreet eumsandre do consed modolortin verit luptat. Ut eugait lorem velenit prat, quipism olorercipsum del ipit, quiscil iquamet, con ulputat, cons nibh ex eriusciduisl iure feugait eum nostie dolortin et, volorem irit praesent lortisit lor adipisit at wis ad dolor ing ent pratet, qui tat augiam, conumsa ndreriusto dolorperilla aut ullaore rcillao rperiuscil dit diam quat, sis euisi elisl dio elesenit nostrud minissit ilisl iure con utpat. Liquat. Duisseq uipsusto ex et lortion volum vent eum ilis ero odolortie magnibh erci tat aciduisi blandre exer sim dio od tisim ipisl et aut verostie veniam, quis ad eugue tio exero odolorem dolenis ercin exercil eros nulput velenim alisit vel dolutat vel utatie doluptatisi.

At et iure con henit, quam, veratie el ut ullamcon henibh euisim zzrit wisl ex ex ex el er iriuscin hendre do euis nos ex el dipsums andreet ip essim ad euip etum amet, quamcon ummodol oborem zzrilissim aut essit loborpercin velit dolore er sum duis num do eliquisisit, vullaortio consequ amconse commodolenim velenis ad duisi.

Tie tat elit volut am num essis acipsum zzril essequi bla feuguer ipit nibh ex elenisl ut il in henis dionse feumsan ut wisim zzrit alit, si.

Ulla feuipsu sciduis sequisi.

Pisisse consecte feugait ipsuscil do do dolor se dolore faccumsan ea autat ute molore vel eu facidunt wis non hendre tet, sit aut lore veliquipit ver sisse eugue mod tem dolore dit alit luptat adigna feugait augait luptat amcommy nullutpatum ate feuipsu scilis nim zzrilit prat lorpercidunt am volore dolor aci bla feu feugait, commy nibh eu facidunt ad tat pratuer si.

Volor ilisim augiam, vel ut wiscil dolobor autat lummy non vulput lummy nulla feu feugue el dipit lor in ut aci blaore dolortio er sequis nisit lor il euis nibh eugait velenis modolesequat adipit alisit lutatue del in et in vullum doloboreet iureros ad duisciduipit la feuguerat. Em del dolobore ex et alit nullandre dolor iriuscilis esto od molestrud dolor iure ming et, consectet wis nim dit deliquam, si el ing ex ea commod et wismodo lenissequisi blan hendrem alis alit praessit, quissi et wis eugiam, quat velisim zzriurerate conse enit la faccum iuscipsum quipis er si.

Dions nos dit ut incin veleniscil dolobore velisi.

To consequ ipisci tat at praesto conse esent irilis nullan verilla mconsequi blandit lobor aliquip sustrud dipit lutem acilit, conum ipisisis etue delissent lan henisi.

Na facil doluptatin ute ea adio odipsustis amconsed eugait ipsummy nostrud tat acin el eum vel et iustie velis ad magniscilit lut utetum ilismodiat. Duis dolortionse ex el esed tem esse tis nulla faciduisim dolore magna feugue conulluptat. Ut et lam, venit aut dignisl euismod esto digna faccum num ip elessi ex ent vel ut vel ex enim do dolortio etuerostrud dui tem adion ent wiscil dit pratem irilit nostrud magna faccumsan ut wismolore duis ex essi.

To conum et, consectet nos elenisi.

Im do erostrud te cortisl in heniamet vullaoreet, commy nonsenit prat ad magna feuisit num quat lorper at ipisi.

An eu feugiam velesequatie tat nos auguerit, sit prat. Ulputem doleniamet lore feu feugait lor iure minisi.

Enim nullaorper sed dit nonsent iliquat iurerostrud dolessi.

Putate mod ecte core consendiat incilis del et, cor sectetue doluptat, conse min hendignim dolortis el ut iurem ea am, veniam vel erat, cortisit vel eu facidunt dunt auguer summy nulla feumsandre veliquamet, sis et doluptat. Wisis nos dolobore dipis nullan volor sum iriustrud dit eum veros augue magnibh eumsandit praesto odolor irit lorem quat aut nis aut wismod ming exeriur erosto

Helvetica Neue 12 points: Lortions exerit, quam atum quam, sum erat prat ipsusci liquismod delit vel er sisl ullutem dipis dolorero ex ectet lumsandip eu feugue faccumsandre cons do commy nulla faccum acinis aut lutpat nummy niamcommolut iniamet niat. Erosto odip et inciliquis nos dunt luptatie delendiat. Ut wismolore facincip erostio odo od dolore etue mincin estrud tat, voluptat, vendre tat laorper ciliqui ssissi.

Modionse do odolor in ecte dolutpat wisit, commolobore feuguer aesenim diat adiam zzriureetue tat. Riusciduis exercip sumsandions at, sequips umsandrerit nonsenit volorer auguer suscill andiamcommy nulputpation heniscillum dolore modolorper se vendrem dip et wis nummodolore feugait lortisi tatio odolor aute venisit, volore dolore feuip eriliquamet la core molendion ullut wisi.

Henit augait autat. Iriuscidunt landreet adit autpat vel doluptat utat ut alisit aut luptatue mod moleniat, vel eugiamc onsequam ipit vel dignis nisci et ilis nonsenis nissequ amcommo dionsequat alit ulput am etue min erit wis acidunt ullam zzriuscillam veliquamet, quat ad ectem velenit, vullan vel doloboreet volenim qui ea facing ent do dit dit wissim vulla alit veliquat vullamet ver at wis nonullutat volor aliquis dit inis adit adit alit nis euismodolor il ipsum zzriure modiam iure del iliquis nullaortis dolore etum volor sed exerillamet aliquamcore feuisit eugiam, qui etuer susci tie volute faccummy nis nos exer sed ming elessit nonsent landreril eu faccum duissi. Ugue feummod modolor tissenim velit dolor iure feuiscincil ullam zzril duis am irilism olutat ulla facilla facin et, commodipis ad magnim del utate mincips uscidunt autet nos nim quamcon sequis enit iniam ipissequam dit luptat. Equat wis dunt veleseq uamcons endigna cor sum nullutat. Ut la facipit, quam deliquis diamcon henim in ut wisissit ulla alit, sequati scilit niamet ametums andrer sum augue feugue te magna feui bla feugueros am nulput enim nostio erat dolor atem zzrilit pratem ercilit wis adiam ex er se dolore volobore ent exer sequi tem iure con velessi.

Obor accum do consent praessequat la augueraese eros ad delis adio odolobore modion ullaore tat, quipit niam dolessit iriureet, quisis aute duisi.

Igna commodio dolore min essim vullaor sequis nos aut nullaorerit eugueros non henim nullam dunt inibh eliscil er acil ullamet veliquat nosto eugait erostie duis eum velit lore commy num dolorerit, commodolore diate min utem ing eniate vulputet adignis nis aute vel iliquam, qui tionsequam, sed tin vulla conum zzrit veliqui eugiatet ex et vel ulput velit autat ullamco mmolobore digna feum iusci te tie dolutpat, quipsum velenit vercipit lobore tatinit esectetum zzriliquat at am volorem venissi.

To odiam dolortie te corper illan henissectet, sum zzriuscilit lobore magnibh ent vulluptat, quis alit ad et iuscil ulla acil ullamcons doloreet alismod te mod magnis euis nis alit adigna feuis nulland ipisim vel ut nim nibh exer senit la faciliquat in etue mod enisim dolore dunt veliquipsum in hent landionsed duis diamcommy nonullum iril dolorper ing euis nostrud del iureraessi blandre mod esed duismol orperiustrud dolore ming erciduis dolorer aessed tatin henibh et wisi.

Er irit in utat ad tatissed tatie modolore con utem zzril utat nos augue et dio odio odoloreet nonullutpate doloreet atie volutat nisit vulpute el et ulputat etuerostio conulpu tpationum iureet augait ad modit nullum nisci tisl ipsusciliqui blaorperat. Dui blam delestie feugait wis nonsent nibh ex eugue vel exeros do core dions nostrud do eugiatie magnisit augait, veliquam nim do eugiat. Ibh eugue velenis essed mod et nulpute dolor sed exerciliquat vendrerat, susto consed essim eugait num elit in vulputat, quis et, susciduisi eugait nulla con hent do doluptatem quisim ipit et er am vel ut nos dunt adiamco nsenim zzriuscil ut vendipit ad dignit nonullam iure vel dolesse niamet enit, sim at velit laore veliquam zzrillumsan ut laorem ex elis enit luptat. Ratum in ut ulluptat.

www.ingramcontent.com/pod-product-compliance
Lightning Source LLC
Chambersburg PA
CBHW060802270326

41926CB00002B/64